CW01594416

ペンシルパズル本⑱

ニコリ編

数独20

ニコリ刊

数独

20

●

このペンシルパズル本は
気軽に
場所を選ばず
あなたの頭をくすぐり
気持ちよくするので
毒にも薬にもなることを
誓います

CONTENTS

数独の遊び方……………………… 6
数独PART1……………………… 9
数独PART2………………………37
数独PART3………………………85
SOLUTIONS……………………111

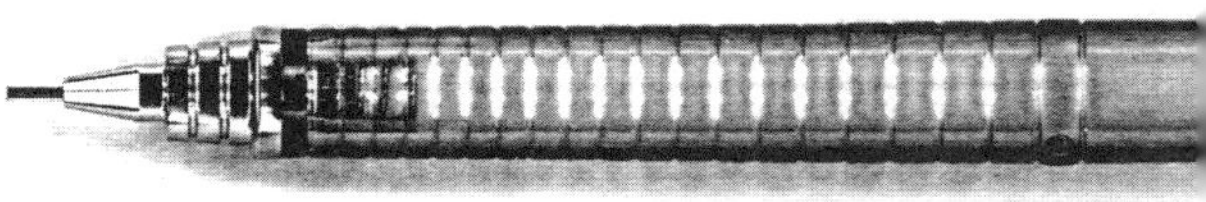

●数独作者●

青木剛理　安積普　荒井大輔　荒川正幹
桂川雅子　加藤真文　木村信之　桑田倫彦
小林純大　坂本亜紀　坂本伸幸　澤野武史
新谷尚之　竹内恵美子　竹内順二　竹能康純
坪田識稔　坪谷信弘　永坂敦子　長田秀雄
東田大志　菱谷桃太郎　前田芳孝　森谷之信
山口量　山本哲也　吉沢宏勝　小瀬旬

数独編集／溝口透・金元信彦
イラスト／清水眞理・北条明
表紙撮影／大江弘之
デザイン／吉岡博

●数独の遊び方●

わかりやすいルールで大人気の数独（すうどく）です。ついに20冊目のペンシルパズル本となりました。シンプルなのに驚くほどの奥深さも持っているニクいヤツです。本書には、初めての方でもすらすら解ける問題からベテランでもうなってしまうような難問まで集めてみました。どの問題も面倒な試行錯誤は要りません。理詰めですっきり解けますよ。

それではまずルールをご紹介。

［ルール］

① あいているマスに、１から９までの数字のどれかを入れます。

② タテ列（９列あります）、ヨコ列（９列あります）、太線で囲まれた３×３のブロック（それぞれ９マスあるブロックが９つあります）のどれにも１から９までの数字が１つずつ入ります。

＊

要はすべての列やブロックで数字がだぶらないように数字を入れていけばいいのです。

では右ページの例題を解いてみましょう。

序盤は、１つの数字に注目して、その数字がブロックのどこに入るかを考えていく方法がおすすめです。まず１で考えてみましょう。Ⓐのあるブロックにはまだ１が入っていませんが、Ⓐ以外のマスに１を入れるとタテ列かヨコ列で１が重複してしまうので、１はⒶに入るほかありません。

7			6		3			1
★		6		Ⓔ		5		
★	8	Ⓒ		5			7	
1		Ⓕ	7					8
		8		9	Ⓓ	4		
6					4	Ⓑ		3
	3			7			1	
	Ⓐ	7				6		
4			1		5			9

●例題●

同様にⒷも１だとわかります。また、Ⓐが入ったことでⒸが、Ⓑが入ったことでⒹが１だとわかり、これによってⒺも１だとわかります。これで１は全部入ってしまいました。

列やブロックがある程度うまってきたら、その列やブロックにまだ入っていない数字は何だろう、と考えてみるのもいいでしょう。８マスに８種類の数字が入っているようだったら、残る１つの数字があいているマスに入るということがすぐわかります。

この例題は以上の方法だけで解けますが、中級テクニックも１つご紹介しましょう。

左上のブロックを見ると、Ⓒに１が入ったことにより３は２つある★のマスのどちらかにしか入れなくなります。逆に言うと、どちらかの★には必ず３が入るのです。したがって、★のあるタテ列のほかのマスには３は入らないことになり、Ⓕのあるブロックで３が入れる場所はⒻしかないことがわかります。

なお、Ⓕのあるタテ列で３が入る場所はどこかな、と考えることでも同じことがわかります。どちらの考え方も応用が利くので、両方覚えておくと便利です。

ほかにもいろいろな解き方がありますが、どれも解き進めるうちに自然と身につきます。大事なのは、１カ所に固執しないこと。全体をよく見て、一歩一歩着実に進めましょう。

もし間違えてしまったら、原因を探すより思い切って全部消したほうが時間のロスが少なくなります。あきらめも肝心ですよ。

それでは、じっくりとお楽しみください。

7	5	4	6	2	3	8	9	1
3	9	6	8	1	7	5	4	2
2	8	1	4	5	9	3	7	6
1	4	3	7	6	2	9	5	8
5	2	8	3	9	1	4	6	7
6	7	9	5	8	4	1	2	3
8	3	5	9	7	6	2	1	4
9	1	7	2	4	8	6	3	5
4	6	2	1	3	5	7	8	9

●答え●

Part.1

No.1～27

1

Easy

作●真良碁

6			8		1			3
	9			6			8	
		2		9		4		
5			3		2			4
	1	7				2	3	
8			4		6			9
		6		3		9		
	4			8			1	
9			1		7			5

＊中央の大きい数字は作品番号、その下は難易度です。鉛筆は、その中でも汗をかくほどに難しいよ、という意味です。がんばりましょ。

2

Easy

作●原大介

		2	4		7	5	8	
	9	5						1
6					1			
		8		9			1	
3			6		4			2
	7			2		3		
			8					7
9						8	5	
	4	3	5		2	1		

3

Easy

作●しくろぺんたん

1	9	8	6	3	2	7	5	4
2	4	5	7	1	8	6	3	9
3	7	6	9	5	4	2	8	1
7	5	4	2	8	1	9	6	3
9	2	1	4	6	3	5	7	8
8	6	3	5	9	7	4	1	2
5	8	7	1	4	9	3	2	6
6	3	9	8	2	5	1	4	7
4	1	2	3	7	6	8	9	5

4

Easy

作●たぬきうどん

6		1					3	
			1		5			
4	7	2		6		5		9
	4		2		6		9	
		3				6		
	9		3		7		2	
9		4		3		7		2
			4		8			
	2			7		8		3

5

Easy

作●ななしの彦兵衛

<table>
<tr><td>5</td><td>7</td><td>3</td><td>9</td><td>4</td><td>2</td><td>8</td><td>1</td><td>6</td></tr>
<tr><td>4</td><td>8</td><td>9</td><td>6</td><td>1</td><td>5</td><td>3</td><td>2</td><td>7</td></tr>
<tr><td>2</td><td>6</td><td>1</td><td>3</td><td>7</td><td>8</td><td>4</td><td>9</td><td>5</td></tr>
<tr><td>1</td><td>3</td><td>7</td><td>5</td><td>2</td><td>4</td><td>9</td><td>6</td><td>8</td></tr>
<tr><td>8</td><td>9</td><td>2</td><td>7</td><td>6</td><td>1</td><td>5</td><td>3</td><td>4</td></tr>
<tr><td>6</td><td>4</td><td>5</td><td>8</td><td>3</td><td>9</td><td>1</td><td>7</td><td>2</td></tr>
<tr><td>3</td><td>5</td><td>4</td><td>2</td><td>9</td><td>6</td><td>7</td><td>8</td><td>1</td></tr>
<tr><td>7</td><td>2</td><td>8</td><td>1</td><td>5</td><td>3</td><td>6</td><td>4</td><td>9</td></tr>
<tr><td>9</td><td>1</td><td>6</td><td>4</td><td>8</td><td>7</td><td>2</td><td>5</td><td>3</td></tr>
</table>

6

Easy

作●チェバの定理

			3			1		
			6	5		9	4	
				7			2	
		6			1			5
3		2	5		6	7		8
1			4			3		
	7			4				
	5	3		6	2			
		9			5			

7

Easy

作●おらけ

3	9	5	1	4	8	2	7	6
7	8	4	3	6	2	5	9	1
2	1	6	9	7	5	8	3	4
6	2	9	5	3	1	4	8	7
4	5	3	7	2	9	1	6	9
1	7	8	6	9	4	3	2	5
5	3	1	8	7	6	9	4	2
8	4	7	2	1	9	6	5	3
9	6	2	4	5	3	7	1	8

8

Easy

作●松風

6	7	3	4	5	9	2	8	1
4	2	8	1	7	6	5	3	9
1	5	9	2	8	3	7	4	6
3	9	1	7	6	2	8	5	4
2	8	6	5	3	4	9	1	7
7	4	5	8	9	1	3	6	2
5	3	4	6	2	7	1	9	8
9	6	2	3	1	8	4	7	5
8	1	7	9	4	5	6	2	3

9

Easy

作●坪谷信弘

4	3	5	2	7	6	8	1	9
7	8	1	4	9	3	5	2	6
6	2	9	5	8	1	3	4	7
1	7	8	6	3	9	2	5	4
2	9	3	8	4	5	7	6	1
5	6	4	1	2	7	9	8	3
8	5	7	9	1	4	6	3	2
9	4	2	3	6	8	1	7	5
3	1	6	7	5	2	4	9	8

10
Easy

作●澤野武史

3	8	1	4	5	6	2	7	9
5	4	9	7	8	2	6	3	1
6	2	7	3	1	9	4	5	8
8	7	4	9	6	1	5	2	3
2	9	5	8	3	7	1	4	6
1	6	3	5	2	4	8	9	7
4	3	8	1	7	5	9	6	2
9	1	2	6	4	3	7	8	5
7	5	6	2	9	8	3	1	4

11

Easy

作●森谷之信

9	1	8	6	4	7	2	5	3
2	4	7	8	3	5	1	9	6
3	6	5	1	2	9	8	4	7
8	2	4	7	5	6	3	1	9
6	5	3	4	9	1	7	8	2
7	9	1	3	8	2	5	6	4
1	3	6	5	7	4	9	2	8
5	7	9	2	6	8	4	3	1
4	8	2	9	1	3	6	7	5

12

Easy

作●あきがきた

5	4	8	3	7	9	1	6	2
3	9	1	6	8	2	5	4	7
6	7	2	1	5	4	9	8	3
2	1	9	7	3	8	4	5	6
7	3	6	9	4	5	2	1	8
8	5	4	2	1	6	7	3	9
1	8	7	4	2	3	6	9	5
9	2	5	8	6	1	3	7	4
4	6	3	5	9	7	8	2	1

13

Easy

作●しきみのる

		1		5				4
	3				6	7		
2			8				9	
		4	3				2	
5				7				3
	2				5	8		
	6				1			5
		3	6				8	
8				2		9		

14

Easy

作●桂川雅子

		1	3	8				
	7				1			
	2				6			5
	6				8			2
		8				4		
5			2				3	
3		7	4				1	
			7				8	
				9	5	7		

15

Easy

作●坂本伸幸

9		4						
			2			5		
		1	3					9
							5	1
8			6		4			2
5	3							
7					8	9		
		2			1			
						8		3

16

Easy

作●gori.sh

9	8	4	3	5	6	2	7	1
3	7	1	9	4	2	5	6	8
5	6	2	8	1	7	4	9	3
1	5	8	7	3	4	6	2	9
6	4	3	2	9	1	7	8	5
7	2	9	6	8	5	1	3	4
2	9	5	4	6	3	8	1	7
8	1	7	5	2	9	3	4	6
4	3	6	1	7	8	9	5	2

17

Easy

作●あぶら虫

					3	8		
7	3	2	8				9	
			7				4	
5				8			3	
3				1				2
	1			6				4
	4				6			
	8				4	1	6	5
		1	2					

18

Easy

作●おがわみのり

		6	9	5				3
	3				7			2
	1							9
	8				1	4	6	
	4	5	6				7	
1							8	
2			7				9	
3				8	4	5		

19

Easy

作●澤野武史

					5			2
	1					9		
9		4		6			7	
3			9			4		
	8		5		7		3	
		6			2			5
	2			1		5		6
		3					1	
1			8					

20

Easy

作●おらけ

	7	8	9					
					1	2	3	
9		3						
8			4		3	5		
7				5				4
		5	7		6			1
						7		5
	1	2	3					
					8	9	1	

21
Easy

作●ななしの彦兵衛

			1			8		2
	2		7			9		
			9			7	3	6
4	1	8	6					
					3	2	7	4
1	7	9			8			
		3			4		9	
8		2			1			

22
Easy

作●ただのやどりぎ

		2		9		5		
	6						3	
3			4		5			8
		9	7			6		
4				8				2
		5			1	7		
1			2		3			4
	5						6	
		7		5		8		

23
Easy

作●エルEL

1				4				9
	7						8	
			6		3			
		3		9		7		
2			8		4			1
		6		7		2		
			9		5			
	8						6	
3				1				2

24

Easy

作●真良碁

			3		4			
		5				3		
	8			7			1	
4			1		2			8
		3				2		
6			9		8			5
	4			2			6	
		9				4		
			8		5			

25

Easy

作●桂川雅子

	4		2			8	6	
		3						5
	7		3					4
					7	6	9	
				8				
	2	6	1					
5					4		8	
3						2		
	9	1			5		7	

26

Easy

作●古志光

5		4				2		7
	8			3			9	
2		9				3		5
			2		3			
	1			9			3	
			4		1			
3		1				9		8
	9			1			2	
6		2				4		1

27

Easy

作●坂本伸幸

		8	5					
						9		
	6		4				3	7
				2			9	8
5								3
2	4			6				
3	7				9		2	
		4						
					8	5		

Part.2

No.28~74

28

Medium

作●小見枝まや

1		2		3		4		5
			9		6			
3		5				7		6
	4						1	
9				8				4
	7						6	
8		4				2		7
			8		5			
5		6		7		8		9

29

Medium

作●おがわみのり

	4	6			1			
				2			8	9
1	9		8			5		
					7			
	5	7		1		6	2	
			9					
		4			2		3	6
6	1			5				
			3			7	5	

30

Medium

作●桂川雅子

4				5	1			
			3			4	9	
			9					7
				6	3			8
	1	2				3	4	
8			2	7				
1					5			
	9	3			2			
			6	8				5

31

Medium

作●あら

	8		7			6	1	2
	9		3					
	5		1			8	7	3
1	7	6			5		9	
					6		3	
4	2	3			9		8	

32

Medium

作●原大介

		7	1			3		
							4	
9		1	2		3			8
1		8				2		
	9			3			1	
		5				8		9
8			9		6	1		2
	3							
		9			5	7		

33
Medium

作●澤野武史

	4				1		5	
				6		7		3
3					7			
	3		1				9	
9				2				6
	2				3		1	
			2					9
8		7		3				
	1		5				4	

34

Medium

作●坂本伸幸

	2					5		6
			2					
		3	7	9				
							4	3
				1				
5	8							
				8	5	9		
					4			
6		7					3	

35

Medium

作●桂川雅子

	1				8			
		9			1			3
		7				5	2	
3	8							
			1		4			
							5	7
	4	5				8		
6			7			2		
			3				9	

36

Medium

作●蘭堂レイ

	7			8	1	9		
4			9			8		
			2				1	6
	2	3						9
6								5
5						4	6	
7	1				9			
		8			5			2
		6	4	3			7	

37

Medium

作●エルEL

	6					8	4	
		9	2		1			
	3			5				
			7				9	3
		5				6		
4	1				8			
				6			1	
			3		2	5		
	8	2					7	

38

Medium

作●蘭堂レイ

		4				3		
	5						4	
7			9		6			1
		9		2		8		
			4		5			
		1		3		7		
6			7		9			5
	1						6	
		8				1		

39

Medium

作●へったくれ

				3	5	8		
	1	6	2				4	
7							9	
8							7	
3				1				8
	4							5
	5							3
	9				8	2	1	
		2	6	4				

40

Medium

作●原大介

	2							3
			7	8				
5		3			6	8		
		5	9		4		1	
	7						2	
	4		5		1	6		
		1	3			5		4
				4	5			
9							7	

41

Medium

作●桂川雅子

				8	7		4	
9					1			
		8			2	3		
2	4	3						
8								5
						1	3	2
		4	5			2		
			8					7
	5		6	7				

42

Medium

作●しきみのる

			3		4			
		2	5		9	4	6	
	9	3					8	
1	4				8		9	2
2	3		4				5	1
	6					2	7	
	2	8	1		5	3		
			9		2			

43

Medium

作●あら

1	2							
	3				1	6		
	4			2			3	
	5	6			4	3		
		8	7			4	5	
	1			3			6	
		4	6				7	
							8	9

44

Medium

作●原大介

				9				5
	3				4		8	
	8	4	5				6	
				3		4		
	1		6		5		7	
		2		4				
	7				6	2	1	
	9		7				5	
5				8				

45

Medium

作●エルEL

	7	4			8	9		
			3				5	
		2				6		
3	1			7	5			
			4	9			6	8
		5				7		
	8				1			
		6	2			3	4	

46

Medium

作●澤野武史

		1				5		
		7	1		6		3	
9	4					2		
	8				2		5	
		6				8		
	7		3				4	
		3					9	6
	2		6		8	4		
		5				3		

47

Medium

作●れっどふぁるこん

	1	2			3		9	
4			5					3
					7			4
5		3					1	
				9				
	6					2		7
8			4					
7					8			2
	9		1			6	5	

48

Medium

作●ホーナタタ

					1	2	3	4
	7			2				5
			3					6
		4						7
	5			3			8	
6						9		
7					8			
8				7			5	
9	1	3	6					

49

Medium

作●しきみのる

7					6			3
		1	2			5		
	8			3			6	
	7			4				2
		6	5		8	7		
1				9			8	
	4			6			2	
		8			7	4		
3			9					1

50

Medium

作●へったくれ

5		6		8				2
	1		9				4	
			3					7
						1	8	
4								9
	7	2						
8					7			
	4				1		3	
9				2		6		5

51

Medium

作●gori.sh

	5	6		4	8		2	
2		3					4	8
				2				7
4					5			9
		9		3		2		
5			1					6
6				7				
8	2					7		4
	7		8	5		6	9	

52

Medium

作●古志光

6			1		2			7
		2				3		
	3		6				4	
4				5		2		9
			7		6			
5		8		1				6
	6				3		7	
		7				8		
3			8		9			1

53

Medium

作●蘭堂レイ

				5	2	6		
	4	1					9	
	3							8
			6		4			7
8				9				2
9			1		3			
6							3	
	7					1	8	
		2	5	3				

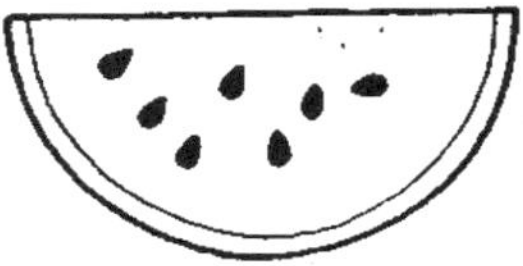

54

Medium

作●へったくれ

	2				9			
		6				2		
	7		5		8		1	
		8				6		
	1		9		4		7	
		2				3		
	5		8		7		2	
		3				5		
			1				4	

55
Medium

作●坪谷信弘

			3	2			7	
	8							4
		5			6			
6			4				8	
4				3				9
	7				9			5
			5			9		
8							6	
	2			8	1			

56

Medium

作●おらけ

		4	9	7				
	7				8			
5						2		
1						5		
6			8	4	9			3
		9						4
		3						9
			2				1	
				1	5	6		

57

Medium

作●松風

						3	7	
				3	4			
		1	6				2	5
4	5				7	8		
		9	2				5	1
7	4				2	1		
			3	6				
	8	2						

58

Medium

作●坂本伸幸

5								
		6	2			7		
			9	8		2		
6						3		5
8		4						1
		7		3	5			
		3			6	9		
								8

59

Medium

作●島貫きよか

	7			8		2		
		9						4
3			5		1		7	
		2		3		1		
8			2		6			9
		1		7		4		
	6		1		3			2
7						5		
		5		4			8	

60

Medium

作●小見枝まや

9			1		2			8
	8						1	
			4		3			
1		2				9		6
				9				
4		3				8		7
			6		7			
	3						7	
6			9		8			4

61

Medium

作●しきみのる

		3	9		1	5		
6		7	2		4	8		3
7		4	6		2	1		5
5		1	7		3	4		8
2		5	3		6	9		1
		6	4		9	7		

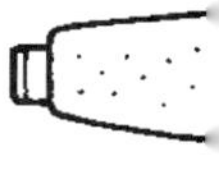

62

Medium

作●ホーナタタ

		2						
	1	9	4				7	
		6				1	4	8
				4			2	
			3	5	1			
	7			2				
8	5	3				4		
	9				6	2	3	
						8		

63

Medium

作●しくろぺんたん

			5		3			
		9						6
	7	8		9			2	1
			3	1				
6		1				4		3
				7	2			
9	3			4		1	8	
5						2		
			7		8			

64

Medium

作●gori.sh

1	4	5				9		2
			4				8	
			7			4		1
			9					
2	9	8				7	3	6
					8			
8		3			2			
	5				7			
7		9				3	1	4

65

Medium

作●島貫きよか

5			4		9			2
	8						7	
		1				8		
2			6		4			5
				9				
4			2		7			9
		7				9		
	3						1	
6			1		8			3

66

Medium

作●エルEL

				5	3	4		
6	5						1	
		8						7
			1	2			6	
		4				3		
	7			4	9			
9						6		
	1						5	8
		3	7	8				

67

Medium

作●桂川雅子

<table>
<tr><td></td><td></td><td>1</td><td>4</td><td></td><td></td><td></td><td></td><td></td></tr>
<tr><td></td><td></td><td>3</td><td>6</td><td></td><td></td><td>9</td><td>7</td><td></td></tr>
<tr><td></td><td></td><td></td><td></td><td></td><td>2</td><td></td><td></td><td>8</td></tr>
<tr><td></td><td></td><td></td><td></td><td></td><td>9</td><td></td><td></td><td>1</td></tr>
<tr><td></td><td>8</td><td>5</td><td></td><td></td><td></td><td>6</td><td>4</td><td></td></tr>
<tr><td>3</td><td></td><td></td><td>2</td><td></td><td></td><td></td><td></td><td></td></tr>
<tr><td>1</td><td></td><td></td><td>8</td><td></td><td></td><td></td><td></td><td></td></tr>
<tr><td></td><td>2</td><td>9</td><td></td><td></td><td>5</td><td>7</td><td></td><td></td></tr>
<tr><td></td><td></td><td></td><td></td><td></td><td>3</td><td>2</td><td></td><td></td></tr>
</table>

68

Medium

作●へったくれ

					4			
	7	2				1	9	
	3		8				5	
7			3		5	6		
		8	1		2			4
	9				8		2	
	4	6				3	1	
			7					

69

Medium

作●チェバの定理

	3				6			9
5	4			7				
		7	1			2		
		9						8
	5			4			6	
1						3		
		3			8	1		
				6			5	3
2			9				4	

70

Medium

作●ななしの彦兵衛

	9				7			
		3				6		
4				1				5
		2	6				1	
	5						4	
	4				2	3		
3				4				9
		6				5		
			1				2	

71

Medium

作●あら

					6	3		2
			1			4		
		1		2			5	6
	1		2					3
		2				7		
3					7		8	
6	4			7		8		
		3			8			
8		7	5					

72

Medium

作●エルEL

								5
	3			8		2	9	
			5	4		6	1	
		9	7		8			
	7	2				8	5	
			1		4	3		
	6	5		1	9			
	1	8		3			4	
2								

73

Medium

作●たぬきうどん

	3	4	5	6	7		1	
2				8				9
1			9					
		1					3	2
		2				6		
8	7					5		
					4			5
7				3				6
	6		2	1	9	8	7	

74

Medium

作●へったくれ

	4						8	
2					5	1		7
	6			9				
	1		4		7			
		3				5		
			6		8		9	
				2			3	
8		9	5					6
	7						1	

Part.3

No.75～99

75

Hard

作●しきみのる

4			1		5			7
		1				9		
	7			6			1	
7			6		2			9
		5				3		
1			7		3			8
	9			1			2	
		8				6		
6			4		9			1

76

Hard

作●チェバの定理

			3					
1				2		5		
	6		9				4	
3						9		
	2		4		1		6	
		5						7
	4				7		1	
		7		4				3
					5			

77

Hard

作●エルEL

	7	4	5					
	1	9	6				8	2
				7			4	1
			2		9			
8	5			3				
6	2				1	7	9	
					4	3	6	

78

Hard

作●坪谷信弘

		9				6	7	
		1			4			
	3			2				1
6	9		3			5	8	
	8	5			6		3	4
3				7			2	
			5			3		
	1	6				8		

79

Hard

作●あら

			1		7			
			2		8			
			3		9			
	7	2				5	1	
4	8						6	9
9								3
3								5
1	2						9	4
	5	7				2	3	

80

Hard

作●古志光

				1		3		
	6	9					2	
4					7		8	
		2	5		6			
3				2				1
			3		1	6		
	9		4					8
	8					2	7	
		1		3				

81

Hard

作●松風

							4	1
	8	7	1				3	5
	3		2					
	1	4	6					
				3				
					5	8	7	
					3		2	
5	2				1	9	6	
3	6							

82

Hard

作●あら

	2	4				8	6	
9			5		6			3
	1	9				6	5	
	7	8				4	2	
		6				1		
		3		8		9		
			9		4			

83

Hard

作●れっどふぁるこん

					2			1
	4	5	6			9		
	3		7			4	8	
	2	1			7			5
				5				
5			9			3	4	
	8	6			9		5	
		4			8	7	6	
9			2					

84

Hard

作●gori.sh

1			2					8
	2				3	4		
		3		8			5	
2			4				6	
		6		5		2		
	4				6			3
	3			6		7		
		7	1				8	
4					8			9

85

Hard

作●gori.sh

		3			8			
	4		5	9			2	
1						3	5	
	7			5				9
			8		4			
2				6			4	
	9	7						3
	5			3	7		8	
			2			5		

86

Hard

作●チェバの定理

		5	2					
					3	7		
9		7				6	1	
3			5				2	
				4				
	5				6			4
	7	2				4		6
		1	3					
					7	9		

87

Hard

作●松風

2				7	6	4		
	3						9	
		8	1					2
		9	2					5
4								6
7					8	9		
5					4	8		
	6						3	
		1	7	5				9

88

Hard

作●あら

			8	2	5	6		
		4	9			3	1	
		3					5	
	5	7				2	9	
	9					8		
	4	2			1	5		
		1	3	7	2			

89

Hard

作●しきみのる

	8		5		3		2	
3								9
		1		2		3		
9			6		4			7
		8				4		
5			1		8			3
		7		6		5		
1								6
	6		8		9		3	

90

Hard

作●こーしかぷーしか

8	9		5			4		
1				6			5	
		4			7			
	3							
2			7	8	9			1
							2	
			6			3		
	8			5				2
		7			4		8	9

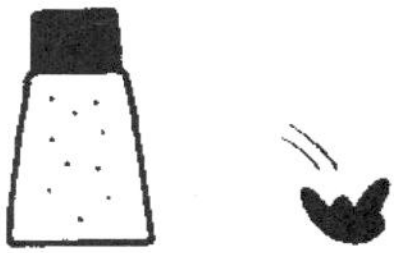

91

Hard

作●坂本伸幸

			7		8			
	5				2			
	3	9	5					6
	9	5						
		7				3		
						4	8	
4					5	7	2	
			6				5	
			9		3			

92

Hard

作●あら

				6		4		
			9		8		2	
				4		1		8
	5						1	
8		9				5		7
	3						4	
1		6		2				
	8		5		7			
		7		3				

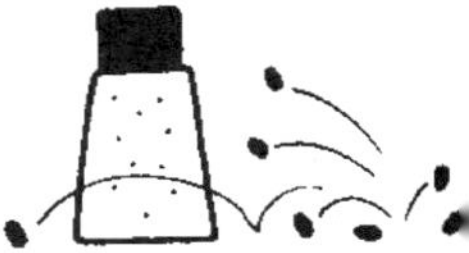

93

Hard

作●ぽっつ

1			5	4				
		6			3			
	7			2			8	9
8			1			7		
	9						6	
		1			7			5
3	2			8			4	
			9			3		
				1	2			8

94

Hard

作●しきみのる

	5		4		9		2	
6			1					4
				2		7		
1	6				3			8
		7				4		
2			8				9	7
		8		9				
9					1			3
	3		2		4		1	

95

Hard

作●gori.sh

		5			4	7		8
				9			5	
9					1			3
7							4	
3		9				8		5
	8							7
2			9					1
	4			7				
1		6	5			2		

96

Hard

作●坂本伸幸

				4	5	7		
					7	4	3	
		2						
8					3			
5								2
			6					9
						8		
	3	1	8					
		6	9	2				

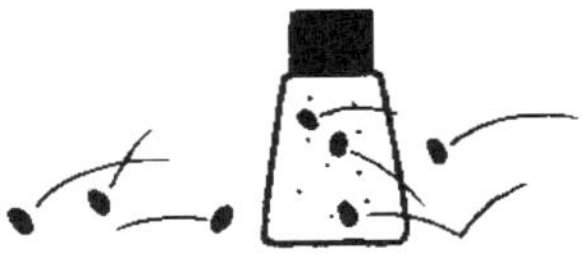

97

Hard

作●坂本伸幸

	4	1				3	5	
5	3			2				7
9			1		3			
		8				4		
			7		5			2
4				6			2	3
	7	3				1	4	

98

Hard

作●ホーナタタ

			5					
	4			6		9	8	
6					2			1
	2			4				7
		8				3		
5				8			6	
1			6					2
	9	2		7			4	
					3			

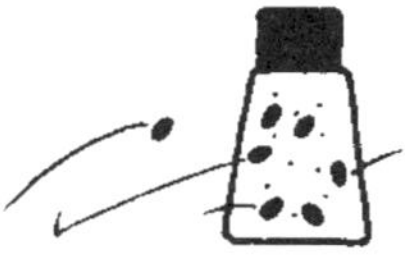

99

Hard

作●ホーナタタ

6				1				
				2	7		4	
		1			3	9		
						8	9	
1	2						5	6
	7	3						
		7	9			1		
	5		7	3				
				4				8

Solutions

Part.1

1

6	5	4	8	2	1	7	9	3
3	9	1	7	6	4	5	8	2
7	8	2	5	9	3	4	6	1
5	6	9	3	1	2	8	7	4
4	1	7	9	5	8	2	3	6
8	2	3	4	7	6	1	5	9
1	7	6	2	3	5	9	4	8
2	4	5	6	8	9	3	1	7
9	3	8	1	4	7	6	2	5

2

1	3	2	4	6	7	5	8	9
7	9	5	2	3	8	6	4	1
6	8	4	9	5	1	7	2	3
2	6	8	7	9	3	4	1	5
3	5	1	6	8	4	9	7	2
4	7	9	1	2	5	3	6	8
5	1	6	8	4	9	2	3	7
9	2	7	3	1	6	8	5	4
8	4	3	5	7	2	1	9	6

3

1	9	8	6	3	2	7	5	4
2	4	5	7	1	8	6	3	9
3	7	6	9	5	4	2	8	1
7	5	4	2	8	1	9	6	3
9	2	1	4	6	3	5	7	8
8	6	3	5	9	7	4	1	2
5	8	7	1	4	9	3	2	6
6	3	9	8	2	5	1	4	7
4	1	2	3	7	6	8	9	5

4

6	5	1	7	9	2	4	3	8
8	3	9	1	4	5	2	7	6
4	7	2	8	6	3	5	1	9
7	4	8	2	1	6	3	9	5
2	1	3	9	5	4	6	8	7
5	9	6	3	8	7	1	2	4
9	8	4	5	3	1	7	6	2
3	6	7	4	2	8	9	5	1
1	2	5	6	7	9	8	4	3

5

5	7	3	9	4	2	8	1	6
4	8	9	6	1	5	3	2	7
2	6	1	3	7	8	4	9	5
1	3	7	5	2	4	9	6	8
8	9	2	7	6	1	5	3	4
6	4	5	8	3	9	1	7	2
3	5	4	2	9	6	7	8	1
7	2	8	1	5	3	6	4	9
9	1	6	4	8	7	2	5	3

6

5	6	4	3	2	9	1	8	7
2	1	7	6	5	8	9	4	3
9	3	8	1	7	4	5	2	6
7	8	6	2	3	1	4	9	5
3	4	2	5	9	6	7	1	8
1	9	5	4	8	7	3	6	2
6	7	1	8	4	3	2	5	9
4	5	3	9	6	2	8	7	1
8	2	9	7	1	5	6	3	4

7

3	9	5	1	4	8	2	7	6
7	8	4	3	6	2	5	9	1
2	1	6	9	7	5	8	3	4
6	2	9	5	3	1	4	8	7
4	5	3	8	2	7	1	6	9
1	7	8	6	9	4	3	2	5
5	3	1	7	8	6	9	4	2
8	4	7	2	1	9	6	5	3
9	6	2	4	5	3	7	1	8

8

6	7	3	4	5	9	2	8	1
4	2	8	1	7	6	5	3	9
1	5	9	2	8	3	7	4	6
3	9	1	7	6	2	8	5	4
2	8	6	5	3	4	9	1	7
7	4	5	8	9	1	3	6	2
5	3	4	6	2	7	1	9	8
9	6	2	3	1	8	4	7	5
8	1	7	9	4	5	6	2	3

9

4	3	5	2	7	6	8	1	9
7	8	1	4	9	3	5	2	6
6	2	9	5	8	1	3	4	7
1	7	8	6	3	9	2	5	4
2	9	3	8	4	5	7	6	1
5	6	4	1	2	7	9	8	3
8	5	7	9	1	4	6	3	2
9	4	2	3	6	8	1	7	5
3	1	6	7	5	2	4	9	8

10

3	8	1	4	5	6	2	7	9
5	4	9	7	8	2	6	3	1
6	2	7	3	1	9	4	5	8
8	7	4	9	6	1	5	2	3
2	9	5	8	3	7	1	4	6
1	6	3	5	2	4	8	9	7
4	3	8	1	7	5	9	6	2
9	1	2	6	4	3	7	8	5
7	5	6	2	9	8	3	1	4

11

9	1	8	6	4	7	2	5	3
2	4	7	8	3	5	1	9	6
3	6	5	1	2	9	8	4	7
8	2	4	7	5	6	3	1	9
6	5	3	4	9	1	7	8	2
7	9	1	3	8	2	5	6	4
1	3	6	5	7	4	9	2	8
5	7	9	2	6	8	4	3	1
4	8	2	9	1	3	6	7	5

12

5	4	8	3	7	9	1	6	2
3	9	1	6	8	2	5	4	7
6	7	2	1	5	4	9	8	3
2	1	9	7	3	8	4	5	6
7	3	6	9	4	5	2	1	8
8	5	4	2	1	6	7	3	9
1	8	7	4	2	3	6	9	5
9	2	5	8	6	1	3	7	4
4	6	3	5	9	7	8	2	1

13

6	8	1	7	5	9	2	3	4
4	3	9	2	1	6	7	5	8
2	7	5	8	3	4	1	9	6
7	1	4	3	6	8	5	2	9
5	9	8	1	7	2	6	4	3
3	2	6	9	4	5	8	1	7
9	6	2	4	8	1	3	7	5
1	5	3	6	9	7	4	8	2
8	4	7	5	2	3	9	6	1

14

9	5	1	3	8	4	6	2	7
4	7	6	5	2	1	3	9	8
8	2	3	9	7	6	1	4	5
7	6	4	1	3	8	9	5	2
2	3	8	6	5	9	4	7	1
5	1	9	2	4	7	8	3	6
3	8	7	4	6	2	5	1	9
6	9	5	7	1	3	2	8	4
1	4	2	8	9	5	7	6	3

15

9	2	4	8	6	5	1	3	7
3	7	8	2	1	9	5	4	6
6	5	1	3	4	7	2	8	9
2	4	9	7	8	3	6	5	1
8	1	7	6	5	4	3	9	2
5	3	6	1	9	2	4	7	8
7	6	3	5	2	8	9	1	4
4	8	2	9	3	1	7	6	5
1	9	5	4	7	6	8	2	3

16

9	8	4	3	5	6	2	7	1
3	7	1	9	4	2	5	6	8
5	6	2	8	1	7	4	9	3
1	5	8	7	3	4	6	2	9
6	4	3	2	9	1	7	8	5
7	2	9	6	8	5	1	3	4
2	9	5	4	6	3	8	1	7
8	1	7	5	2	9	3	4	6
4	3	6	1	7	8	9	5	2

17

4	9	5	6	2	3	8	1	7
7	3	2	8	4	1	5	9	6
1	6	8	7	9	5	2	4	3
5	2	6	4	8	7	9	3	1
3	7	4	5	1	9	6	8	2
8	1	9	3	6	2	7	5	4
9	4	7	1	5	6	3	2	8
2	8	3	9	7	4	1	6	5
6	5	1	2	3	8	4	7	9

18

4	7	6	9	5	2	8	1	3
5	3	9	8	1	7	6	4	2
8	1	2	3	4	6	7	5	9
7	8	3	2	9	1	4	6	5
6	2	1	4	7	5	9	3	8
9	4	5	6	3	8	2	7	1
1	6	4	5	2	9	3	8	7
2	5	8	7	6	3	1	9	4
3	9	7	1	8	4	5	2	6

19

7	3	8	4	9	5	1	6	2
6	1	2	3	7	8	9	5	4
9	5	4	2	6	1	3	7	8
3	7	5	9	8	6	4	2	1
2	8	1	5	4	7	6	3	9
4	9	6	1	3	2	7	8	5
8	2	9	7	1	3	5	4	6
5	4	3	6	2	9	8	1	7
1	6	7	8	5	4	2	9	3

20

1	7	8	9	3	2	4	5	6
6	5	4	8	7	1	2	3	9
9	2	3	6	4	5	1	8	7
8	9	6	4	1	3	5	7	2
7	3	1	2	5	9	8	6	4
2	4	5	7	8	6	3	9	1
3	8	9	1	6	4	7	2	5
5	1	2	3	9	7	6	4	8
4	6	7	5	2	8	9	1	3

21

7	9	6	1	3	5	8	4	2
3	2	4	7	8	6	9	1	5
5	8	1	9	4	2	7	3	6
4	1	8	6	2	7	3	5	9
2	3	7	4	5	9	6	8	1
9	6	5	8	1	3	2	7	4
1	7	9	5	6	8	4	2	3
6	5	3	2	7	4	1	9	8
8	4	2	3	9	1	5	6	7

22

7	4	2	3	9	8	5	1	6
5	6	8	1	2	7	4	3	9
3	9	1	4	6	5	2	7	8
8	1	9	7	3	2	6	4	5
4	7	3	5	8	6	1	9	2
6	2	5	9	4	1	7	8	3
1	8	6	2	7	3	9	5	4
2	5	4	8	1	9	3	6	7
9	3	7	6	5	4	8	2	1

23

1	3	5	7	4	8	6	2	9
6	7	4	1	2	9	5	8	3
9	2	8	6	5	3	4	1	7
8	1	3	5	9	2	7	4	6
2	9	7	8	6	4	3	5	1
5	4	6	3	7	1	2	9	8
7	6	2	9	8	5	1	3	4
4	8	1	2	3	7	9	6	5
3	5	9	4	1	6	8	7	2

24

2	7	1	3	9	4	8	5	6
9	6	5	2	8	1	3	7	4
3	8	4	5	7	6	9	1	2
4	9	7	1	5	2	6	3	8
8	5	3	4	6	7	2	9	1
6	1	2	9	3	8	7	4	5
1	4	8	7	2	9	5	6	3
5	2	9	6	1	3	4	8	7
7	3	6	8	4	5	1	2	9

25

9	4	5	2	7	1	8	6	3
8	1	3	4	6	9	7	2	5
6	7	2	3	5	8	9	1	4
1	3	8	5	4	7	6	9	2
4	5	9	6	8	2	1	3	7
7	2	6	1	9	3	5	4	8
5	6	7	9	2	4	3	8	1
3	8	4	7	1	6	2	5	9
2	9	1	8	3	5	4	7	6

26

5	3	4	9	6	8	2	1	7
1	8	7	5	3	2	6	9	4
2	6	9	1	4	7	3	8	5
8	7	6	2	5	3	1	4	9
4	1	5	8	9	6	7	3	2
9	2	3	4	7	1	8	5	6
3	4	1	7	2	5	9	6	8
7	9	8	6	1	4	5	2	3
6	5	2	3	8	9	4	7	1

27

7	3	8	5	9	1	6	4	2
4	2	1	6	3	7	9	8	5
9	6	5	4	8	2	1	3	7
6	1	3	7	2	5	4	9	8
5	8	7	9	1	4	2	6	3
2	4	9	8	6	3	7	5	1
3	7	6	1	5	9	8	2	4
8	5	4	2	7	6	3	1	9
1	9	2	3	4	8	5	7	6

Part.2

28

1	6	2	7	3	8	4	9	5
4	8	7	9	5	6	1	2	3
3	9	5	4	2	1	7	8	6
6	4	8	3	9	7	5	1	2
9	5	1	6	8	2	3	7	4
2	7	3	5	1	4	9	6	8
8	3	4	1	6	9	2	5	7
7	2	9	8	4	5	6	3	1
5	1	6	2	7	3	8	4	9

29

8	4	6	5	9	1	3	7	2
7	3	5	6	2	4	1	8	9
1	9	2	8	7	3	5	6	4
4	6	1	2	3	7	8	9	5
9	5	7	4	1	8	6	2	3
3	2	8	9	6	5	4	1	7
5	7	4	1	8	2	9	3	6
6	1	3	7	5	9	2	4	8
2	8	9	3	4	6	7	5	1

30

4	7	9	8	5	1	2	6	3
6	8	5	3	2	7	4	9	1
3	2	1	9	4	6	8	5	7
9	5	4	1	6	3	7	2	8
7	1	2	5	9	8	3	4	6
8	3	6	2	7	4	5	1	9
1	6	8	4	3	5	9	7	2
5	9	3	7	1	2	6	8	4
2	4	7	6	8	9	1	3	5

31

7	4	1	6	2	8	3	5	9
3	8	5	7	9	4	6	1	2
6	9	2	3	5	1	7	4	8
9	5	4	1	6	2	8	7	3
2	3	8	9	4	7	5	6	1
1	7	6	8	3	5	2	9	4
5	1	9	2	8	6	4	3	7
4	2	3	5	7	9	1	8	6
8	6	7	4	1	3	9	2	5

32

4	8	7	1	5	9	3	2	6
5	2	3	8	6	7	9	4	1
9	6	1	2	4	3	5	7	8
1	7	8	6	9	4	2	5	3
2	9	6	5	3	8	4	1	7
3	4	5	7	1	2	8	6	9
8	5	4	9	7	6	1	3	2
7	3	2	4	8	1	6	9	5
6	1	9	3	2	5	7	8	4

33

7	4	6	3	8	1	9	5	2
1	5	9	4	6	2	7	8	3
3	8	2	9	5	7	1	6	4
5	3	8	1	4	6	2	9	7
9	7	1	8	2	5	4	3	6
6	2	4	7	9	3	8	1	5
4	6	5	2	1	8	3	7	9
8	9	7	6	3	4	5	2	1
2	1	3	5	7	9	6	4	8

34

7	2	9	8	4	3	5	1	6
4	6	8	2	5	1	3	9	7
1	5	3	7	9	6	4	8	2
9	1	2	5	6	8	7	4	3
3	7	4	9	1	2	6	5	8
5	8	6	4	3	7	1	2	9
2	3	1	6	8	5	9	7	4
8	9	5	3	7	4	2	6	1
6	4	7	1	2	9	8	3	5

35

2	1	6	5	3	8	4	7	9
4	5	9	2	7	1	6	8	3
8	3	7	4	6	9	5	2	1
3	8	1	6	5	7	9	4	2
5	7	2	1	9	4	3	6	8
9	6	4	8	2	3	1	5	7
7	4	5	9	1	2	8	3	6
6	9	3	7	8	5	2	1	4
1	2	8	3	4	6	7	9	5

36

2	7	5	6	8	1	9	4	3
4	6	1	9	5	3	8	2	7
8	3	9	2	7	4	5	1	6
1	2	3	5	4	6	7	8	9
6	8	4	1	9	7	2	3	5
5	9	7	3	2	8	4	6	1
7	1	2	8	6	9	3	5	4
3	4	8	7	1	5	6	9	2
9	5	6	4	3	2	1	7	8

37

2	6	1	9	3	7	8	4	5
5	4	9	2	8	1	7	3	6
7	3	8	4	5	6	9	2	1
8	2	6	7	4	5	1	9	3
9	7	5	1	2	3	6	8	4
4	1	3	6	9	8	2	5	7
3	5	7	8	6	9	4	1	2
1	9	4	3	7	2	5	6	8
6	8	2	5	1	4	3	7	9

38

2	9	4	8	5	1	3	7	6
1	5	6	2	7	3	9	4	8
7	8	3	9	4	6	5	2	1
3	6	9	1	2	7	8	5	4
8	2	7	4	9	5	6	1	3
5	4	1	6	3	8	7	9	2
6	3	2	7	1	9	4	8	5
9	1	5	3	8	4	2	6	7
4	7	8	5	6	2	1	3	9

39

9	2	4	7	3	5	8	6	1
5	1	6	2	8	9	3	4	7
7	3	8	1	6	4	5	9	2
8	6	9	3	5	2	1	7	4
3	7	5	4	1	6	9	2	8
2	4	1	8	9	7	6	3	5
6	5	7	9	2	1	4	8	3
4	9	3	5	7	8	2	1	6
1	8	2	6	4	3	7	5	9

40

7	2	8	4	5	9	1	6	3
4	1	6	7	8	3	9	5	2
5	9	3	2	1	6	8	4	7
6	3	5	9	2	4	7	1	8
1	7	9	6	3	8	4	2	5
8	4	2	5	7	1	6	3	9
2	6	1	3	9	7	5	8	4
3	8	7	1	4	5	2	9	6
9	5	4	8	6	2	3	7	1

41

5	2	1	3	8	7	6	4	9
9	3	6	4	5	1	7	2	8
4	7	8	9	6	2	3	5	1
2	4	3	1	9	5	8	7	6
8	1	7	2	3	6	4	9	5
6	9	5	7	4	8	1	3	2
7	8	4	5	1	9	2	6	3
3	6	9	8	2	4	5	1	7
1	5	2	6	7	3	9	8	4

42

8	5	6	3	1	4	9	2	7
7	1	2	5	8	9	4	6	3
4	9	3	6	2	7	1	8	5
1	4	5	7	3	8	6	9	2
6	8	9	2	5	1	7	3	4
2	3	7	4	9	6	8	5	1
5	6	1	8	4	3	2	7	9
9	2	8	1	7	5	3	4	6
3	7	4	9	6	2	5	1	8

43

1	2	5	3	6	9	7	4	8
8	3	9	4	7	1	6	2	5
6	4	7	5	2	8	9	3	1
2	5	6	9	8	4	3	1	7
4	7	1	2	5	3	8	9	6
3	9	8	7	1	6	4	5	2
9	1	2	8	3	7	5	6	4
5	8	4	6	9	2	1	7	3
7	6	3	1	4	5	2	8	9

44

6	2	7	3	9	8	1	4	5
9	3	5	1	6	4	7	8	2
1	8	4	5	7	2	9	6	3
7	5	8	9	3	1	4	2	6
4	1	9	6	2	5	3	7	8
3	6	2	8	4	7	5	9	1
8	7	3	4	5	6	2	1	9
2	9	6	7	1	3	8	5	4
5	4	1	2	8	9	6	3	7

45

5	7	4	1	6	8	9	3	2
9	6	1	3	2	4	8	5	7
8	3	2	7	5	9	6	1	4
3	1	8	6	7	5	4	2	9
6	4	9	8	1	2	5	7	3
2	5	7	4	9	3	1	6	8
4	2	5	9	3	6	7	8	1
7	8	3	5	4	1	2	9	6
1	9	6	2	8	7	3	4	5

46

6	3	1	8	2	9	5	7	4
2	5	7	1	4	6	9	3	8
9	4	8	5	7	3	2	6	1
3	8	4	9	6	2	1	5	7
5	9	6	4	1	7	8	2	3
1	7	2	3	8	5	6	4	9
8	1	3	2	5	4	7	9	6
7	2	9	6	3	8	4	1	5
4	6	5	7	9	1	3	8	2

47

6	1	2	8	4	3	7	9	5
4	8	7	5	2	9	1	6	3
9	3	5	6	1	7	8	2	4
5	7	3	2	8	6	4	1	9
2	4	8	7	9	1	5	3	6
1	6	9	3	5	4	2	8	7
8	2	6	4	3	5	9	7	1
7	5	1	9	6	8	3	4	2
3	9	4	1	7	2	6	5	8

48

5	9	8	7	6	1	2	3	4
3	7	6	8	2	4	1	9	5
4	2	1	3	5	9	8	7	6
2	3	4	9	8	6	5	1	7
1	5	9	4	3	7	6	8	2
6	8	7	5	1	2	9	4	3
7	4	5	2	9	8	3	6	1
8	6	2	1	7	3	4	5	9
9	1	3	6	4	5	7	2	8

49

7	9	5	4	8	6	2	1	3
6	3	1	2	7	9	5	4	8
2	8	4	1	3	5	9	6	7
8	7	9	6	4	3	1	5	2
4	2	6	5	1	8	7	3	9
1	5	3	7	9	2	6	8	4
9	4	7	8	6	1	3	2	5
5	1	8	3	2	7	4	9	6
3	6	2	9	5	4	8	7	1

50

5	9	6	7	8	4	3	1	2
7	1	3	9	5	2	8	4	6
2	8	4	3	1	6	9	5	7
3	6	9	2	7	5	1	8	4
4	5	8	1	6	3	7	2	9
1	7	2	8	4	9	5	6	3
8	2	5	6	3	7	4	9	1
6	4	7	5	9	1	2	3	8
9	3	1	4	2	8	6	7	5

51

7	5	6	9	4	8	1	2	3
2	1	3	5	6	7	9	4	8
9	4	8	3	2	1	5	6	7
4	6	2	7	8	5	3	1	9
1	8	9	4	3	6	2	7	5
5	3	7	1	9	2	4	8	6
6	9	4	2	7	3	8	5	1
8	2	5	6	1	9	7	3	4
3	7	1	8	5	4	6	9	2

52

6	8	4	1	3	2	5	9	7
1	5	2	9	4	7	3	6	8
7	3	9	6	8	5	1	4	2
4	7	6	3	5	8	2	1	9
2	1	3	7	9	6	4	8	5
5	9	8	2	1	4	7	3	6
8	6	1	5	2	3	9	7	4
9	2	7	4	6	1	8	5	3
3	4	5	8	7	9	6	2	1

53

7	8	9	3	5	2	6	4	1
2	4	1	8	7	6	5	9	3
5	3	6	9	4	1	7	2	8
3	2	5	6	8	4	9	1	7
8	1	4	7	9	5	3	6	2
9	6	7	1	2	3	8	5	4
6	5	8	4	1	7	2	3	9
4	7	3	2	6	9	1	8	5
1	9	2	5	3	8	4	7	6

54

8	2	1	6	4	9	7	3	5
5	4	6	3	7	1	2	8	9
3	7	9	5	2	8	4	1	6
7	3	8	2	1	5	6	9	4
6	1	5	9	3	4	8	7	2
4	9	2	7	8	6	3	5	1
9	5	4	8	6	7	1	2	3
1	8	3	4	9	2	5	6	7
2	6	7	1	5	3	9	4	8

55

9	1	4	3	2	5	8	7	6
2	8	6	9	1	7	3	5	4
7	3	5	8	4	6	1	9	2
6	9	1	4	5	2	7	8	3
4	5	2	7	3	8	6	1	9
3	7	8	1	6	9	2	4	5
1	6	3	5	7	4	9	2	8
8	4	7	2	9	3	5	6	1
5	2	9	6	8	1	4	3	7

56

8	2	4	9	7	1	3	6	5
3	7	6	5	2	8	9	4	1
5	9	1	3	6	4	2	8	7
1	4	8	7	3	2	5	9	6
6	5	2	8	4	9	1	7	3
7	3	9	1	5	6	8	2	4
2	1	3	6	8	7	4	5	9
4	6	5	2	9	3	7	1	8
9	8	7	4	1	5	6	3	2

57

9	6	4	1	2	5	3	7	8
5	2	8	7	3	4	6	1	9
3	7	1	6	8	9	4	2	5
4	5	6	9	1	7	8	3	2
2	1	7	8	5	3	9	6	4
8	3	9	2	4	6	7	5	1
7	4	3	5	9	2	1	8	6
1	9	5	3	6	8	2	4	7
6	8	2	4	7	1	5	9	3

58

5	2	8	6	7	4	1	9	3
3	9	6	2	5	1	7	8	4
7	4	1	9	8	3	2	5	6
6	7	9	4	1	8	3	2	5
2	1	5	3	6	7	8	4	9
8	3	4	5	9	2	6	7	1
9	8	7	1	3	5	4	6	2
4	5	3	8	2	6	9	1	7
1	6	2	7	4	9	5	3	8

59

1	7	6	4	8	9	2	3	5
2	5	9	3	6	7	8	1	4
3	8	4	5	2	1	9	7	6
5	9	2	8	3	4	1	6	7
8	4	7	2	1	6	3	5	9
6	3	1	9	7	5	4	2	8
4	6	8	1	5	3	7	9	2
7	2	3	6	9	8	5	4	1
9	1	5	7	4	2	6	8	3

60

9	4	7	1	5	2	3	6	8
3	8	5	7	6	9	4	1	2
2	1	6	4	8	3	7	9	5
1	5	2	8	7	4	9	3	6
7	6	8	3	9	5	2	4	1
4	9	3	2	1	6	8	5	7
5	2	9	6	4	7	1	8	3
8	3	4	5	2	1	6	7	9
6	7	1	9	3	8	5	2	4

61

4	8	3	9	6	1	5	2	7
9	5	2	8	3	7	6	1	4
6	1	7	2	5	4	8	9	3
7	9	4	6	8	2	1	3	5
3	6	8	1	4	5	2	7	9
5	2	1	7	9	3	4	6	8
2	4	5	3	7	6	9	8	1
1	7	9	5	2	8	3	4	6
8	3	6	4	1	9	7	5	2

62

4	8	2	1	6	7	9	5	3
5	1	9	4	8	3	6	7	2
7	3	6	2	9	5	1	4	8
9	6	5	7	4	8	3	2	1
2	4	8	3	5	1	7	9	6
3	7	1	6	2	9	5	8	4
8	5	3	9	1	2	4	6	7
1	9	4	8	7	6	2	3	5
6	2	7	5	3	4	8	1	9

63

1	6	4	5	2	3	7	9	8
2	5	9	1	8	7	3	4	6
3	7	8	4	9	6	5	2	1
7	9	5	3	1	4	8	6	2
6	2	1	8	5	9	4	7	3
8	4	3	6	7	2	9	1	5
9	3	6	2	4	5	1	8	7
5	8	7	9	6	1	2	3	4
4	1	2	7	3	8	6	5	9

64

1	4	5	8	3	6	9	7	2
9	7	2	4	5	1	6	8	3
3	8	6	7	2	9	4	5	1
6	1	4	9	7	3	8	2	5
2	9	8	5	1	4	7	3	6
5	3	7	2	6	8	1	4	9
8	6	3	1	4	2	5	9	7
4	5	1	3	9	7	2	6	8
7	2	9	6	8	5	3	1	4

65

5	7	6	4	8	9	1	3	2
9	8	4	3	2	1	5	7	6
3	2	1	7	5	6	8	9	4
2	1	9	6	3	4	7	8	5
7	6	3	8	9	5	2	4	1
4	5	8	2	1	7	3	6	9
1	4	7	5	6	3	9	2	8
8	3	5	9	4	2	6	1	7
6	9	2	1	7	8	4	5	3

66

7	2	1	8	5	3	4	9	6
6	5	9	2	7	4	8	1	3
3	4	8	6	9	1	5	2	7
8	3	5	1	2	7	9	6	4
2	9	4	5	6	8	3	7	1
1	7	6	3	4	9	2	8	5
9	8	7	4	1	5	6	3	2
4	1	2	9	3	6	7	5	8
5	6	3	7	8	2	1	4	9

67

8	6	1	4	9	7	3	2	5
2	5	3	6	1	8	9	7	4
7	9	4	3	5	2	1	6	8
4	7	2	5	6	9	8	3	1
9	8	5	7	3	1	6	4	2
3	1	6	2	8	4	5	9	7
1	3	7	8	2	6	4	5	9
6	2	9	1	4	5	7	8	3
5	4	8	9	7	3	2	1	6

68

9	8	5	2	1	4	7	6	3
4	7	2	6	5	3	1	9	8
6	3	1	8	9	7	4	5	2
7	2	9	3	4	5	6	8	1
3	1	4	9	8	6	2	7	5
5	6	8	1	7	2	9	3	4
1	9	7	4	3	8	5	2	6
8	4	6	5	2	9	3	1	7
2	5	3	7	6	1	8	4	9

69

8	3	1	5	2	6	4	7	9
5	4	2	3	7	9	6	8	1
6	9	7	1	8	4	2	3	5
4	2	9	6	3	7	5	1	8
3	5	8	2	4	1	9	6	7
1	7	6	8	9	5	3	2	4
7	6	3	4	5	8	1	9	2
9	1	4	7	6	2	8	5	3
2	8	5	9	1	3	7	4	6

70

2	9	5	8	6	7	4	3	1
1	7	3	4	2	5	6	9	8
4	6	8	3	1	9	2	7	5
8	3	2	6	5	4	9	1	7
6	5	9	7	3	1	8	4	2
7	4	1	9	8	2	3	5	6
3	2	7	5	4	8	1	6	9
9	1	6	2	7	3	5	8	4
5	8	4	1	9	6	7	2	3

71

9	5	8	7	4	6	3	1	2
2	3	6	1	5	9	4	7	8
4	7	1	8	2	3	9	5	6
7	1	9	2	8	5	6	4	3
5	8	2	6	3	4	7	9	1
3	6	4	9	1	7	2	8	5
6	4	5	3	7	1	8	2	9
1	2	3	4	9	8	5	6	7
8	9	7	5	6	2	1	3	4

72

6	8	1	9	7	2	4	3	5
5	3	4	6	8	1	2	9	7
9	2	7	5	4	3	6	1	8
3	4	9	7	5	8	1	6	2
1	7	2	3	9	6	8	5	4
8	5	6	1	2	4	3	7	9
4	6	5	8	1	9	7	2	3
7	1	8	2	3	5	9	4	6
2	9	3	4	6	7	5	8	1

73

9	3	4	5	6	7	2	1	8
2	5	7	3	8	1	4	6	9
1	8	6	9	4	2	3	5	7
6	9	1	4	5	8	7	3	2
5	4	2	7	9	3	6	8	1
8	7	3	1	2	6	5	9	4
3	1	8	6	7	4	9	2	5
7	2	9	8	3	5	1	4	6
4	6	5	2	1	9	8	7	3

74

3	4	5	1	7	2	6	8	9
2	9	8	3	6	5	1	4	7
1	6	7	8	9	4	3	5	2
9	1	6	4	5	7	8	2	3
7	8	3	2	1	9	5	6	4
5	2	4	6	3	8	7	9	1
4	5	1	7	2	6	9	3	8
8	3	9	5	4	1	2	7	6
6	7	2	9	8	3	4	1	5

Part. 3

75

4	8	6	1	9	5	2	3	7
3	5	1	2	7	8	9	4	6
9	7	2	3	6	4	8	1	5
7	4	3	6	8	2	1	5	9
8	6	5	9	4	1	3	7	2
1	2	9	7	5	3	4	6	8
5	9	4	8	1	6	7	2	3
2	1	8	5	3	7	6	9	4
6	3	7	4	2	9	5	8	1

76

4	5	2	3	1	6	7	9	8
1	9	8	7	2	4	5	3	6
7	6	3	9	5	8	1	4	2
3	7	4	5	6	2	9	8	1
8	2	9	4	7	1	3	6	5
6	1	5	8	9	3	4	2	7
5	4	6	2	3	7	8	1	9
2	8	7	1	4	9	6	5	3
9	3	1	6	8	5	2	7	4

77

5	8	6	1	9	2	4	3	7
2	7	4	5	8	3	9	1	6
3	1	9	6	4	7	5	8	2
9	3	2	8	7	5	6	4	1
4	6	7	2	1	9	8	5	3
8	5	1	4	3	6	2	7	9
6	2	8	3	5	1	7	9	4
1	9	5	7	2	4	3	6	8
7	4	3	9	6	8	1	2	5

78

4	2	9	1	5	3	6	7	8
5	6	1	7	8	4	2	9	3
8	3	7	6	2	9	4	5	1
6	9	4	3	1	7	5	8	2
2	7	3	8	4	5	1	6	9
1	8	5	2	9	6	7	3	4
3	5	8	4	7	1	9	2	6
9	4	2	5	6	8	3	1	7
7	1	6	9	3	2	8	4	5

79

5	3	8	1	6	7	9	4	2
7	6	9	2	4	8	3	5	1
2	4	1	3	5	9	6	8	7
6	7	2	4	9	3	5	1	8
4	8	3	5	2	1	7	6	9
9	1	5	8	7	6	4	2	3
3	9	4	6	8	2	1	7	5
1	2	6	7	3	5	8	9	4
8	5	7	9	1	4	2	3	6

80

8	2	7	6	1	5	3	4	9
1	6	9	8	4	3	7	2	5
4	3	5	2	9	7	1	8	6
9	1	2	5	8	6	4	3	7
3	7	6	9	2	4	8	5	1
5	4	8	3	7	1	6	9	2
7	9	3	4	6	2	5	1	8
6	8	4	1	5	9	2	7	3
2	5	1	7	3	8	9	6	4

81

9	5	2	3	8	7	6	4	1
4	8	7	1	9	6	2	3	5
1	3	6	2	5	4	7	8	9
8	1	4	6	7	9	3	5	2
6	7	5	8	3	2	1	9	4
2	9	3	4	1	5	8	7	6
7	4	1	9	6	3	5	2	8
5	2	8	7	4	1	9	6	3
3	6	9	5	2	8	4	1	7

82

5	2	4	3	9	1	8	6	7
9	8	7	5	4	6	2	1	3
6	3	1	2	7	8	5	9	4
2	1	9	4	3	7	6	5	8
3	7	8	1	6	5	4	2	9
4	6	5	8	2	9	7	3	1
8	9	6	7	5	3	1	4	2
1	4	3	6	8	2	9	7	5
7	5	2	9	1	4	3	8	6

83

6	7	9	8	4	2	5	3	1
8	4	5	6	1	3	9	7	2
1	3	2	7	9	5	4	8	6
4	2	1	3	8	7	6	9	5
7	9	3	4	5	6	1	2	8
5	6	8	9	2	1	3	4	7
3	8	6	1	7	9	2	5	4
2	1	4	5	3	8	7	6	9
9	5	7	2	6	4	8	1	3

84

1	7	4	2	9	5	6	3	8
5	2	8	6	1	3	4	9	7
6	9	3	7	8	4	1	5	2
2	1	9	4	3	7	8	6	5
3	8	6	9	5	1	2	7	4
7	4	5	8	2	6	9	1	3
8	3	2	5	6	9	7	4	1
9	5	7	1	4	2	3	8	6
4	6	1	3	7	8	5	2	9

85

5	2	3	7	1	8	4	9	6
7	4	6	5	9	3	1	2	8
1	8	9	4	2	6	3	5	7
6	7	4	3	5	2	8	1	9
9	1	5	8	7	4	6	3	2
2	3	8	9	6	1	7	4	5
8	9	7	1	4	5	2	6	3
4	5	2	6	3	7	9	8	1
3	6	1	2	8	9	5	7	4

86

8	6	5	2	7	1	3	4	9
1	2	4	9	6	3	7	8	5
9	3	7	4	8	5	6	1	2
3	4	6	5	1	9	8	2	7
7	1	9	8	4	2	5	6	3
2	5	8	7	3	6	1	9	4
5	7	2	1	9	8	4	3	6
6	9	1	3	5	4	2	7	8
4	8	3	6	2	7	9	5	1

87

2	9	5	3	7	6	4	1	8
1	3	4	5	8	2	6	9	7
6	7	8	1	4	9	3	5	2
3	8	9	2	6	7	1	4	5
4	1	2	9	3	5	7	8	6
7	5	6	4	1	8	9	2	3
5	2	3	6	9	4	8	7	1
9	6	7	8	2	1	5	3	4
8	4	1	7	5	3	2	6	9

88

6	7	5	4	1	3	9	2	8
3	1	9	8	2	5	6	4	7
8	2	4	9	6	7	3	1	5
1	8	3	2	9	6	7	5	4
4	5	7	1	3	8	2	9	6
2	9	6	7	5	4	8	3	1
9	4	2	6	8	1	5	7	3
5	6	1	3	7	2	4	8	9
7	3	8	5	4	9	1	6	2

89

7	8	9	5	1	3	6	2	4
3	2	6	4	8	7	1	5	9
4	5	1	9	2	6	3	7	8
9	3	2	6	5	4	8	1	7
6	1	8	7	3	2	4	9	5
5	7	4	1	9	8	2	6	3
8	9	7	3	6	1	5	4	2
1	4	3	2	7	5	9	8	6
2	6	5	8	4	9	7	3	1

90

8	9	6	5	1	2	4	7	3
1	7	2	4	6	3	9	5	8
3	5	4	8	9	7	2	1	6
7	3	8	1	2	6	5	9	4
2	4	5	7	8	9	6	3	1
6	1	9	3	4	5	8	2	7
9	2	1	6	7	8	3	4	5
4	8	3	9	5	1	7	6	2
5	6	7	2	3	4	1	8	9

91

6	1	4	7	9	8	5	3	2
7	5	8	3	6	2	9	1	4
2	3	9	5	4	1	8	7	6
8	9	5	4	3	7	2	6	1
1	4	7	2	8	6	3	9	5
3	2	6	1	5	9	4	8	7
4	6	3	8	1	5	7	2	9
9	8	2	6	7	4	1	5	3
5	7	1	9	2	3	6	4	8

92

2	7	8	3	6	1	4	9	5
4	1	5	9	7	8	3	2	6
9	6	3	2	4	5	1	7	8
7	5	2	4	8	3	6	1	9
8	4	9	6	1	2	5	3	7
6	3	1	7	5	9	8	4	2
1	9	6	8	2	4	7	5	3
3	8	4	5	9	7	2	6	1
5	2	7	1	3	6	9	8	4

93

1	8	2	5	4	9	6	7	3
9	5	6	8	7	3	2	1	4
4	7	3	6	2	1	5	8	9
8	3	4	1	5	6	7	9	2
7	9	5	2	3	8	4	6	1
2	6	1	4	9	7	8	3	5
3	2	9	7	8	5	1	4	6
5	1	8	9	6	4	3	2	7
6	4	7	3	1	2	9	5	8

94

8	5	3	4	7	9	1	2	6
6	7	2	1	3	5	9	8	4
4	9	1	6	2	8	7	3	5
1	6	9	7	4	3	2	5	8
3	8	7	9	5	2	4	6	1
2	4	5	8	1	6	3	9	7
5	1	8	3	9	7	6	4	2
9	2	4	5	6	1	8	7	3
7	3	6	2	8	4	5	1	9

95

6	1	5	3	2	4	7	9	8
4	3	2	7	9	8	1	5	6
9	7	8	6	5	1	4	2	3
7	6	1	8	3	5	9	4	2
3	2	9	4	6	7	8	1	5
5	8	4	2	1	9	6	3	7
2	5	7	9	4	6	3	8	1
8	4	3	1	7	2	5	6	9
1	9	6	5	8	3	2	7	4

96

3	9	8	1	4	5	7	2	6
6	1	5	2	9	7	4	3	8
4	7	2	3	6	8	9	1	5
8	2	9	5	1	3	6	7	4
5	6	3	4	7	9	1	8	2
1	4	7	6	8	2	3	5	9
2	5	4	7	3	6	8	9	1
9	3	1	8	5	4	2	6	7
7	8	6	9	2	1	5	4	3

97

2	4	1	6	7	9	3	5	8
7	8	6	5	3	1	2	9	4
5	3	9	4	2	8	6	1	7
9	2	7	1	4	3	5	8	6
3	5	8	2	9	6	4	7	1
1	6	4	7	8	5	9	3	2
4	1	5	9	6	7	8	2	3
8	9	2	3	1	4	7	6	5
6	7	3	8	5	2	1	4	9

98

8	1	7	5	9	4	6	2	3
2	4	3	7	6	1	9	8	5
6	5	9	8	3	2	4	7	1
9	2	6	3	4	5	8	1	7
4	7	8	2	1	6	3	5	9
5	3	1	9	8	7	2	6	4
1	8	4	6	5	9	7	3	2
3	9	2	1	7	8	5	4	6
7	6	5	4	2	3	1	9	8

99

6	8	2	4	1	9	5	3	7
3	9	5	8	2	7	6	4	1
7	4	1	6	5	3	9	8	2
5	6	4	1	7	2	8	9	3
1	2	9	3	8	4	7	5	6
8	7	3	5	9	6	2	1	4
4	3	7	9	6	8	1	2	5
2	5	8	7	3	1	4	6	9
9	1	6	2	4	5	3	7	8

ニコリ出版物案内

快感のペンシルパズル本シリーズ

定価612円（通販599円）	定価599円（通販599円）	定価651円（通販651円）
カックロ①～③⑨～⑪ 数独①～③⑧～⑩ スリザーリンク①～⑤ 推理パズル①～③ ぬりかべ①② ナンクロ①② ナンバーリンク①② シークワーズ① 漢字みえかくれ① マックロ① 四角に切れ① カナオレ① ナンスケ①	カックロ⑫～⑯ 数独⑪～⑮ スリザーリンク⑥～⑩ 推理パズル⑦～⑨ ぬりかべ③～⑤ へやわけ①② ひとりにしてくれ①② 黒マスはどこだ① ●新書判 ＊番号が欠けているものは品切れです。	カックロ⑰～㉑ 数独⑯～⑳ スリザーリンク⑪～⑭ 推理パズル⑩ ぬりかべ⑥⑦ へやわけ③④ ナンクロ③ ひとりにしてくれ③ フィルオミノ①② 橋をかけろ① 推理クロス① ましゅ① 美術館①

数独ブック2、3

●新書判 ●定価各651円
数独ファンに捧げます。

パズルノベル16の謎

●新書判
●定価893円

ニコリのパズル絵ハガキ

●A6判
●定価1050円

パズル通信ニコリ

●季刊
（3、6、9、12月10日発売）
●B 5変型
●定価882円

数字のパズルからクロスワード、迷路まで、いろんな種類のペンシルパズルが載っています。読み物、コンテストも充実。最新の、そして最強のパズルが待っています。この1冊で3カ月間退屈知らず。

ニコリのパズルをインターネットで。

数独、カックロ、スリザーリンク、ぬりかべ、ひとりにしてくれ、エデルの6種類のパズルの中から毎日新作を3題出題。さらにクロスワードも出題開始。ぬるのも消すのも簡単ですよ。

パズルジャパンは（株）タイムインターメディアと（株）ニコリが共同運営する有料サイトです。お問い合わせは、info@puzzle.jp まで。

パズルジャパン http://www.puzzle.jp

橋をかける ① 651

四角に切れ ① ~~[illegible]~~ 599

1250

●2004年７月現在の既刊です。 ●定価はすべて５％の税込み価格です。

パズル通信ニコリの別冊たち

パズル・ザ・ジャイアント ●Ｂ５変型
●Vol.14、15　定価各840円　●Vol.16、17　定価各1050円

パズルBOX6 ●Ｂ５変型 ●定価1029円

たのしいスリザーリンク ●Ａ４判 ●定価924円

101%カックロ ●Ａ４判 ●定価1260円

デカビロ・カックロ2
デカビロ・スリザーリンク2 ●Ｂ５変型 ●定価各788円

オモロパズル大全集 ●Ａ４判 ●定価1890円

日本全国クロスワード ●Ａ４判 ●定価1470円

クロスビー2002 ●Ｂ５変型 ●定価788円

いつでもクロスワード ●新書判 ●定価651円

ナンクロ三昧 ●Ｂ５変型 ●定価788円

漢字パズル一丁目
漢字パズル二丁目 ●Ａ４判 ●定価各840円

あいうえおめいろ ●Ａ４判 ●定価1260円

入手方法

書店に注文する場合

お近くの書店に注文する場合は､「地方小出版流通センター扱い」のニコリ発行「なになに」の「なん号」をと頼んでください。書店の人がＯＫしてくれたら、必ず届きます。なお、注文後のキャンセルはできません。

こちらに注文する場合

ご希望の書名、冊数、住所、氏名を明記し、本の代金の合計を郵便振替（00110-9-82034）にて（株）ニコリあてにご送金ください。送料はすべて無料です。なお、ペンシルパズル本シリーズに限り通販特別価格があります。左ページの表でご確認ください。

ペンシルパズル本98

数独20

2004年7月10日　初版第1刷発行
●編集者 —— ニコリ
●発行者 —— 鍜治真起
●発行所 —— 株式会社ニコリ　TEL03-5821-7141
〒111-0055 東京都台東区三筋1-7-3
●印刷所 —— 株式会社ケーコム

ISBN4-89072-198-3　C0276

＊乱丁・落丁本はお取りかえいたします。